中华人民共和国民法典
人格权编

中国法制出版社

中华人民共和国民法典人格权编
ZHONGHUA RENMIN GONGHEGUO MINFADIAN RENGEQUAN BIAN

经销/新华书店
印刷/北京海纳百川印刷有限公司
开本/850 毫米 × 1168 毫米　32 开　　印张/0.5　字数/7 千
版次/2020 年 6 月第 1 版　　2020 年 6 月第 1 次印刷

中国法制出版社出版
书号 ISBN 978 - 7 - 5216 - 1025 - 3　　定价：4.00 元

北京西单横二条 2 号
邮政编码 100031　　传真：010 - 66031119
网址：http：//www.zgfzs.com　　**编辑部电话：010 - 66066621**
市场营销部电话：010 - 66033393　　**邮购部电话：010 - 66033288**

（如有印装质量问题，请与本社印务部联系调换。电话：010 - 66032926）

目　　录

中华人民共和国主席令

第四十五号

《中华人民共和国民法典》已由中华人民共和国第十三届全国人民代表大会第三次会议于 2020 年 5 月 28 日通过，现予公布，自 2021 年 1 月 1 日起施行。

中华人民共和国主席　习近平

2020 年 5 月 28 日

中华人民共和国民法典（节录）

（2020年5月28日第十三届全国人民代表大会
第三次会议通过）

目　　录

第四编　人　格　权

第一章　一 般 规 定

第九百八十九条　本编调整因人格权的享有和保护产生的民事关系。

第九百九十条 人格权是民事主体享有的生命权、身体权、健康权、姓名权、名称权、肖像权、名誉权、荣誉权、隐私权等权利。

除前款规定的人格权外，自然人享有基于人身自由、人格尊严产生的其他人格权益。

第九百九十一条 民事主体的人格权受法律保护，任何组织或者个人不得侵害。

第九百九十二条 人格权不得放弃、转让或者继承。

第九百九十三条 民事主体可以将自己的姓名、名称、肖像等许可他人使用，但是依照法律规定或者根据其性质不得许可的除外。

第九百九十四条 死者的姓名、肖像、名誉、荣誉、隐私、遗体等受到侵害的，其配偶、子女、父母有权依法请求行为人承担民事责任；死者没有配偶、子女且父母已经死亡的，其他近亲属有权依法请求行为人承担民事责任。

第九百九十五条 人格权受到侵害的，受害人有权依照本法和其他法律的规定请求行为人承担民事责任。受害人的停止侵害、排除妨碍、消除危险、消除影响、恢复名誉、赔礼道歉请求权，不适用诉讼时效的规定。

第九百九十六条 因当事人一方的违约行为，损害对方人格权并造成严重精神损害，受损害方选择请求其承担违约责任的，不影响受损害方请求精神损害赔偿。

第九百九十七条 民事主体有证据证明行为人正在实施或者即将实施侵害其人格权的违法行为，不及时制止将使其合法权益受到难以弥补的损害的，有权依法向人民法院申请采取责令行为人停止有关行为的措施。

第九百九十八条 认定行为人承担侵害除生命权、身体权和健康权外的人格权的民事责任，应当考虑行为人和受害人的职业、影响范围、过错程度，以及行为的目的、方式、后果等因素。

第九百九十九条 为公共利益实施新闻报道、舆论监督等行为的，可以合理使用民事主体的姓名、名称、肖像、个人信息等；使用不合理侵害民事主体人格权的，应当依法承担民事责任。

第一千条 行为人因侵害人格权承担消除影响、恢复名誉、赔礼道歉等民事责任的，应当与行为的具体方式和造成的影响范围相当。

行为人拒不承担前款规定的民事责任的，人民法院可以采取在报刊、网络等媒体上发布公告或者公布生效裁判文书等方式执行，产生的费用由行为人负担。

第一千零一条 对自然人因婚姻家庭关系等产生的身份权利的保护，适用本法第一编、第五编和其他法律的相关规定；没有规定的，可以根据其性质参照适用本编人格权保护的有关规定。

第二章 生命权、身体权和健康权

第一千零二条 自然人享有生命权。自然人的生命安全和生命尊严受法律保护。任何组织或者个人不得侵害他人的生命权。

第一千零三条 自然人享有身体权。自然人的身体完整和行动自由受法律保护。任何组织或者个人不得侵害他人的身体权。

第一千零四条 自然人享有健康权。自然人的身心健康受法律保护。任何组织或者个人不得侵害他人的健康权。

第一千零五条 自然人的生命权、身体权、健康权受到侵害或者处于其他危难情形的，负有法定救助义务的组织或者个人应当及时施救。

第一千零六条 完全民事行为能力人有权依法自主决定无偿捐献其人体细胞、人体组织、人体器官、遗体。任何组织或者个人不得强迫、欺骗、利诱其捐献。

完全民事行为能力人依据前款规定同意捐献的，应当采用书面形式，也可以订立遗嘱。

自然人生前未表示不同意捐献的，该自然人死亡后，其配偶、成年子女、父母可以共同决定捐献，决定捐献应当采用书面形式。

第一千零七条 禁止以任何形式买卖人体细胞、人体组织、人体器官、遗体。

违反前款规定的买卖行为无效。

第一千零八条 为研制新药、医疗器械或者发展新的预防和治疗方法，需要进行临床试验的，应当依法经相关主管部门批准并经伦理委员会审查同意，向受试者或者受试者的监护人告知试验目的、用途和可能产生的风险等详细情况，并经其书面同意。

进行临床试验的，不得向受试者收取试验费用。

第一千零九条 从事与人体基因、人体胚胎等有关的医学和科研活动，应当遵守法律、行政法规和国家有关规定，不得危害人体健康，不得违背伦理道德，不得损害公共利益。

第一千零一十条 违背他人意愿，以言语、文字、图像、肢体行为等方式对他人实施性骚扰的，受害人有权依法请求行为人承担民事责任。

机关、企业、学校等单位应当采取合理的预防、受理投诉、调查处置等措施，防止和制止利用职权、从属关系等实施性骚扰。

第一千零一十一条 以非法拘禁等方式剥夺、限制他人的行动自由，或者非法搜查他人身体的，受害人有权依法请求行为人承担民事责任。

第三章 姓名权和名称权

第一千零一十二条 自然人享有姓名权，有权依法决定、使用、变更或者许可他人使用自己的姓名，但是不得违背公序良俗。

第一千零一十三条 法人、非法人组织享有名称权，有权依法决定、使用、变更、转让或者许可他人使用自己的名称。

第一千零一十四条 任何组织或者个人不得以干涉、盗用、假冒等方式侵害他人的姓名权或者名称权。

第一千零一十五条 自然人应当随父姓或者母姓，但是有下列情形之一的，可以在父姓和母姓之外选取姓氏：

（一）选取其他直系长辈血亲的姓氏；

（二）因由法定扶养人以外的人扶养而选取扶养人姓氏；

（三）有不违背公序良俗的其他正当理由。

少数民族自然人的姓氏可以遵从本民族的文化传统和风俗习惯。

第一千零一十六条 自然人决定、变更姓名，或者法人、非法人组织决定、变更、转让名称的，应当依法向有关机关办理登记手续，但是法律另有规定的除外。

民事主体变更姓名、名称的，变更前实施的民事法律行为对其具有法律约束力。

第一千零一十七条 具有一定社会知名度，被他人使用足以造成公众混淆的笔名、艺名、网名、译名、字号、姓名和名称的简称等，参照适用姓名权和名称权保护的有关规定。

第四章 肖 像 权

第一千零一十八条 自然人享有肖像权，有权依法制作、使用、公开或者许可他人使用自己的肖像。

肖像是通过影像、雕塑、绘画等方式在一定载体上所反映的特定自然人可以被识别的外部形象。

第一千零一十九条 任何组织或者个人不得以丑化、污损，或者利用信息技术手段伪造等方式侵害他人的肖像权。未经肖像权人同意，不得制作、使用、公开肖像权人的肖像，但是法律另有规定的除外。

未经肖像权人同意，肖像作品权利人不得以发表、复制、发行、出租、展览等方式使用或者公开肖像权人的肖像。

第一千零二十条 合理实施下列行为的，可以不经肖像权人同意：

（一）为个人学习、艺术欣赏、课堂教学或者科学研究，在必要范围内使用肖像权人已经公开的肖像；

（二）为实施新闻报道，不可避免地制作、使用、公开肖像权人的肖像；

（三）为依法履行职责，国家机关在必要范围内制作、使用、公开肖像权人的肖像；

（四）为展示特定公共环境，不可避免地制作、使用、公开肖像权人的肖像；

（五）为维护公共利益或者肖像权人合法权益，制作、使用、公开肖像权人的肖像的其他行为。

第一千零二十一条 当事人对肖像许可使用合同中关于肖像使用条款的理解有争议的，应当作出有利于肖像权人的解释。

第一千零二十二条 当事人对肖像许可使用期限没有约定或者约定不明确的，任何一方当事人可以随时解除肖像许可使用合同，但是应当在合理期限之前通知对方。

当事人对肖像许可使用期限有明确约定，肖像权人有正当理由的，可以解除肖像许可使用合同，但是应当在合理期限之前通知对方。因解除合同造成对方损失的，除不可归责于肖像权人的事由外，应当赔偿损失。

第一千零二十三条 对姓名等的许可使用，参照适用肖像许可使用的有关规定。

对自然人声音的保护，参照适用肖像权保护的有关规定。

第五章　名誉权和荣誉权

第一千零二十四条 民事主体享有名誉权。任何组织或者个人不得以侮辱、诽谤等方式侵害他人的名誉权。

名誉是对民事主体的品德、声望、才能、信用等的社会评价。

第一千零二十五条 行为人为公共利益实施新闻报道、舆论监督等行为，影响他人名誉的，不承担民事责任，但是有下列情形之一的除外：

（一）捏造、歪曲事实；

（二）对他人提供的严重失实内容未尽到合理核实义务；

（三）使用侮辱性言辞等贬损他人名誉。

第一千零二十六条 认定行为人是否尽到前条第二项规定的合理核实义务，应当考虑下列因素：

（一）内容来源的可信度；

（二）对明显可能引发争议的内容是否进行了必要的调查；

（三）内容的时限性；

（四）内容与公序良俗的关联性；

（五）受害人名誉受贬损的可能性；

（六）核实能力和核实成本。

第一千零二十七条 行为人发表的文学、艺术作品以真人真事或者特定人为描述对象，含有侮辱、诽谤内容，侵害他人名誉权的，受害人有权依法请求该行为人承担民事责任。

行为人发表的文学、艺术作品不以特定人为描述对象，仅其中的情节与该特定人的情况相似的，不承担民事责任。

第一千零二十八条 民事主体有证据证明报刊、网络等媒体报道的内容失实，侵害其名誉权的，有权请求该媒体及时采取更正或者删除等必要措施。

第一千零二十九条 民事主体可以依法查询自己的信用评价；发现信用评价不当的，有权提出异议并请求采取更正、删除等必要措施。信用评价人应当及时核查，经核查属实的，应当及时采取必要措施。

第一千零三十条 民事主体与征信机构等信用信息处理者之间的关系，适用本编有关个人信息保护的规定和其他法律、行政法规的有关规定。

第一千零三十一条 民事主体享有荣誉权。任何组织或者个人不得非法剥夺他人的荣誉称号，不得诋毁、贬损他人的荣誉。

获得的荣誉称号应当记载而没有记载的，民事主体可以请求记载；获得的荣誉称号记载错误的，民事主体可以请求更正。

第六章　隐私权和个人信息保护

第一千零三十二条　自然人享有隐私权。任何组织或者个人不得以刺探、侵扰、泄露、公开等方式侵害他人的隐私权。

隐私是自然人的私人生活安宁和不愿为他人知晓的私密空间、私密活动、私密信息。

第一千零三十三条　除法律另有规定或者权利人明确同意外，任何组织或者个人不得实施下列行为：

（一）以电话、短信、即时通讯工具、电子邮件、传单等方式侵扰他人的私人生活安宁；

（二）进入、拍摄、窥视他人的住宅、宾馆房间等私密空间；

（三）拍摄、窥视、窃听、公开他人的私密活动；

（四）拍摄、窥视他人身体的私密部位；

（五）处理他人的私密信息；

（六）以其他方式侵害他人的隐私权。

第一千零三十四条　自然人的个人信息受法律保护。

个人信息是以电子或者其他方式记录的能够单独或者与其他信息结合识别特定自然人的各种信息，包括自然人的姓名、出生日期、身份证件号码、生物识别信息、住址、电话号码、电子邮箱、健康信息、行踪信息等。

个人信息中的私密信息，适用有关隐私权的规定；没有规定的，适用有关个人信息保护的规定。

第一千零三十五条 处理个人信息的，应当遵循合法、正当、必要原则，不得过度处理，并符合下列条件：

（一）征得该自然人或者其监护人同意，但是法律、行政法规另有规定的除外；

（二）公开处理信息的规则；

（三）明示处理信息的目的、方式和范围；

（四）不违反法律、行政法规的规定和双方的约定。

个人信息的处理包括个人信息的收集、存储、使用、加工、传输、提供、公开等。

第一千零三十六条 处理个人信息，有下列情形之一的，行为人不承担民事责任：

（一）在该自然人或者其监护人同意的范围内合理实施的行为；

（二）合理处理该自然人自行公开的或者其他已经合法公开的信息，但是该自然人明确拒绝或者处理该信息侵害其重大利益的除外；

（三）为维护公共利益或者该自然人合法权益，合理实施的其他行为。

第一千零三十七条 自然人可以依法向信息处理者查阅或者复制其个人信息；发现信息有错误的，有权提出异议并请求及时采取更正等必要措施。

自然人发现信息处理者违反法律、行政法规的规定或者双方的约定处理其个人信息的，有权请求信息处理者及时删除。

第一千零三十八条 信息处理者不得泄露或者篡改其收

集、存储的个人信息；未经自然人同意，不得向他人非法提供其个人信息，但是经过加工无法识别特定个人且不能复原的除外。

信息处理者应当采取技术措施和其他必要措施，确保其收集、存储的个人信息安全，防止信息泄露、篡改、丢失；发生或者可能发生个人信息泄露、篡改、丢失的，应当及时采取补救措施，按照规定告知自然人并向有关主管部门报告。

第一千零三十九条 国家机关、承担行政职能的法定机构及其工作人员对于履行职责过程中知悉的自然人的隐私和个人信息，应当予以保密，不得泄露或者向他人非法提供。

……

附　　则

第一千二百五十九条 民法所称的“以上”、“以下”、“以内”、“届满”，包括本数；所称的“不满”、“超过”、“以外”，不包括本数。

第一千二百六十条 本法自2021年1月1日起施行。《中华人民共和国婚姻法》、《中华人民共和国继承法》、《中华人民共和国民法通则》、《中华人民共和国收养法》、《中华人民共和国担保法》、《中华人民共和国合同法》、《中华人民共和国物权法》、《中华人民共和国侵权责任法》、《中华人民共和国民法总则》同时废止。